Bringen Sie Ihren ersten Kreis in Schwung:

Die Grundlage für das Duplizieren im Network Marketing

Randy Gage

Copyright © MMXI by Gage Research & Development Institute, Inc. & Prime Concepts Group, Inc.

Copyright der deutschen Ausgabe © 2012 - 2017
bei Life Success Media GmbH

ISBN: 978-3-902114-57-0

Titel der amerikanischen Originalausgabe:

Making the first circle work
the foundation for duplication in network marketing

Herausgegeben von:
Life Success Media GmbH
6020 Innsbruck, Austria

www.mlm-training.com

Alle Rechte vorbehalten. Jegliche Vervielfältigung oder Übertragung von Teilen dieses Buches in jedweder Form und mit jedweden elektronischen oder maschinellen Mitteln ohne schriftliche Genehmigung des Verlags ist unzulässig. Das gilt auch für Fotokopien, Aufzeichnungen sowie die Speicherung und Verarbeitung in Informations- und Abfragesystemen. Ausgenommen sind Rezensenten, die kurze Passagen von nicht mehr als insgesamt 250 Wörtern zitieren.

Gedruckt in der Europäischen Union

Widmung

Für Glen und Craig.

Ich danke euch für den Sandkasten, der mich wieder auf den Spielplatz zurückgebracht hat.

Inhaltsverzeichnis

Widmung *3*

Einleitung *7*

Kapitel 1: Wo die Duplizierung zu Hause ist *9*

Kapitel 2: Die Macht des Geistes *13*

Kapitel 3: Das Richtige tun *21*

Kapitel 4: Das Volumen steigern *25*

Kapitel 5: Lassen Sie es Manna regnen *31*

Kapitel 6: Die Hauptwurzel versorgen *35*

Kapitel 7: Ihr eigener Ticketshop *39*

Kapitel 8: Verkaufen statt ankündigen *47*

Kapitel 9: Umgehen Sie die Stolperfallen *55*

Kapitel 10: Stammesführer sein *63*

Über den Autor *74*

Einleitung

Während einer Tour durch Südamerika fand ich mich mit Jose Lopez in irgendeinem Flughafen wieder. Wir genossen unser Essen, das aus pechuga de pollo, frijoles und yucca bestand und sprachen über die Veranstaltung, bei der ich am Vorabend aufgetreten war.

Er meinte: „Dieses Training, das du da über den ersten Kreis abgehalten hast, würde sich prima für ein Buch eignen. Du solltest das aufschreiben." Ich erwiderte, dass ich bereits mehrere Bücher in Planung hatte. „Okay," fuhr er fort, „aber ich glaube, du hast da wirklich gute Ideen, und die Leute brauchen sie. Es gehört mit zum Wichtigsten, die Duplizierung richtig in Gang zu bringen."

Je mehr ich über seine Worte nachdachte, umso richtiger erschienen sie mir ...

Viel zu viele Menschen suchen nach der Duplizierung an den falschen Orten, oder sie fragen sich, ob sie überhaupt existiert. Und dann geben sie fälschlicherweise ihrem Sponsor oder ihrem Team die Schuld für ihre nicht gerade optimalen Ergebnisse. Doch damit bleibt das wahre Problem unangetastet: Wir selbst bestimmen über die Atmosphäre in unserem Team und wirken als Vorbild für alle.

Da die menschliche Natur sich nicht verändert, scheint es so zu sein, dass um die 90 Prozent aller schlechten Verhaltensweisen dupliziert werden und lediglich 40 bis 50 Prozent der guten. Daher hat unser Verhalten an der Spitze der Organisation einen immensen Einfluss auf das

Geschehen auf den zahlreichen Ebenen unter uns. Von uns hängt die Teamkultur ab, und diese Kultur manifestiert sich entweder auf positive, oder auf negative Weise, doch sie manifestiert sich auf alle Fälle.

Darum soll es in diesem kleinen Büchlein gehen. Es enthält sinnvolle Vorschläge, wie Sie die Geschwindigkeit Ihres Rudels erhöhen, den Aufbau Ihres Teams steuern, die Grundprinzipien Ihrer Organisation festlegen und den Grad der Duplizierung auf den tieferen Ebenen bestimmen können.

Das ist der Kernpunkt, um den sich beim Network Marketing tatsächlich alles dreht: das Tao der Führung. Und wie bei allen anderen Beispielen wahrer Führungsqualitäten geht es nicht darum, anderen zu sagen, wie sie sich verhalten sollen, sondern einfach nur darum, das Verhalten, das wir bei anderen sehen wollen, selbst vorzuleben. Die erste Person, die wir führen müssen, sind wir selbst.

Ich hoffe daher, dass Sie die Entscheidung treffen, die Verantwortung für Ihr Geschäft zu übernehmen, und dass Sie damit aufhören, den Erfolg bei anderen Personen und an anderen Orten zu suchen.

Wenn Sie sich selbst dazu verpflichten, Ihren ersten Kreis so richtig in Schwung zu bringen, dann entscheiden Sie sich dafür, Ihren eigenen Erfolg zu erschaffen - nach Ihren eigenen Regeln.

Randy Gage
Miami Beach, Florida
Juli 2010

Kapitel 1
Wo die Duplizierung zu Hause ist

Das Gesetz des ersten Kreises

Ich kann mich daran erinnern, wie ich mich bei meinem Sponsor einmal über mein Team beklagte. Die meisten meiner Leute waren einfach nur faul; sie brachten zu den Meetings keine Gäste mit und wollten lieber darauf warten, dass ihre eigenen Gruppen sie schon irgendwie reich machen würden. Ich fragte mich, warum sie nicht mehr wie ich sein könnten.

Aber da lag leider auch genau das Problem:
Sie waren genau so wie ich.

Und genau das ist das Faszinierende an diesem wunderbaren und einzigartigen, doch zugleich auch verrückten und frustrierenden Geschäft, das wir Network Marketing nennen, denn alles, was wir tun, hat einen direkten Bezug zu diesem ersten Kreis – zu eben jenem, der mit „Sie" beschriftet ist.

Dieser Blickwinkel ist heutzutage in unserem Geschäft allerdings nicht gerade sehr populär. Die ganzen binären, Matrix- und Quadra-Vergütungspläne haben mit Sicherheit in unserem Geschäft zu einem Anspruchsdenken geführt. Viele Leute betrachten den Spillover als so etwas wie ihr Geburtsrecht, und wenn ihr Sponsor nicht einen Gutteil ihrer Struktur für sie aufbaut, sind sie schnell mit Schuldzuweisungen für ihre mageren Ergebnisse an eben diesen

Sponsor zur Stelle. Andere wiederum schieben die Schuld ihrem Team in die Schuhe. Nichts ist leichter, als den Fehler bei anderen zu suchen und darauf zu bestehen, dass diese sich nicht genug angestrengt, um uns reich zu machen.

Aber selbstredend gibt es in unserem Geschäft keine Angestellten, und unsere Armeen bestehen aus lauter Freiwilligen.

Der Bonus, den Sie Monat für Monat erhalten, wird an Sie persönlich ausbezahlt und an niemand anderen. Sobald Sie das verinnerlicht haben, sind Sie zum Erfolg bereit. Hierfür müssen Sie in Übereinstimmung mit dem Gesetz des ersten Kreises handeln.

Es liegt in unserer Verantwortung, voranzugehen und den Weg zu prüfen, herauszufinden, was funktioniert und was nicht, und dann die Informationen an alle weiterzugeben, die wir ins Geschäft bringen. Wir sind eine einzigartige Mischung aus Mentor, Coach, Lehrer, Befehlshaber und Partner.

Die Menschen arbeiten nicht für uns, sondern sie arbeiten für sich selbst. Doch selbstverständlich wirken sich deren Aktivitäten auf unsere eigenen Resultate und auf unser Einkommen aus.

Das beste Training, das ich je für Network Marketing erhalten habe, stammte von außerhalb unserer Branche. Mehr als alles andere hat mir meine Tätigkeit als Vorsitzender eines Kirchengemeinderats und einiger Wohltätigkeitsorganisationen geholfen, denn überall dort hatte ich es mit Freiwilligenarmeen zu tun. Denn wenn man niemanden einstellen oder feuern kann, dann ist man gezwungen, zu lernen, wie man andere inspiriert, wie man sie leitet und wie man mit ihnen partnerschaftlich auf ein gemeinsames Ziel hin zusammenarbeiten kann.

Genau hier müssen wir also ansetzen, denn all dies wird durch die Art und Weise bestimmt, mit der Sie Ihren ersten Kreis führen. Und der erste Kreis ist ja sowieso das einzige, was Sie wirklich kontrollieren können ...
Sie können zwar sagen, dass Sie diesen Monat zehn Personen einschreiben wollen, doch Sie haben darüber keine Kontrolle, denn jeder Interessent trifft selbst die Entscheidung, ob er letztendlich unterschreibt oder nicht. Sie können sich auch das Ziel setzen, bis zu einem festgelegten Zeitpunkt einen bestimmten Rang zu erreichen, doch auch hierüber haben Sie keine Kontrolle.

In diesem Buch soll es um die Dinge gehen, die in Ihrer Macht liegen. Das Paradoxe daran ist, wenn Sie Ihren eigenen Kreis unter Kontrolle haben, dann wirkt sich das auf alle anderen Kreise in Ihrer Organisation aus. Sie rufen ein bestimmtes Verhalten hervor, doch Sie tun dies, indem Sie selbst dieses Verhalten zuerst zeigen. Dadurch werden Sie zum Vorbild, das die Menschen dann gern duplizieren.

Mit der Zeit werden Sie dann begreifen, dass nicht Sie Ihr Network wachsen lassen. Sie regen das Wachstum Ihrer Vertriebspartner an, und diese bewirken dann das Anwachsen Ihrer Organisation. Aber alles beginnt bei Ihnen und mit Ihren Führungsprinzipien, Ihrem Führungsverhalten und Ihrer Führungskultur. Sind Sie bereit? Dann geht's jetzt richtig los ...

Wo die Duplizierung zu Hause ist

Kapitel 2

Die Macht des Geistes

**Wie Ihre Einstellung
Ihre Ergebnisse bestimmt**

Es ist ein wunderbarer Samstagvormittag im Süden Floridas. Ich mache eine Spazierfahrt in einem meiner Sportwagen, einer Viper, und aus den Lautsprechern schallt Van Morrison mit „Domino". Neben mir fährt ein schwarzer Pick-Up mit offenen Fenstern, und ein süßer junger Hund lehnt sich nach draußen in den Fahrtwind und genießt den Augenblick.

Seine weit aufgerissenen Augen, die im Fahrtwind flatternden Ohren und seine heraushängende Zunge lassen das köstliche Hundenirwana erahnen, dem er sich gerade hingibt. Als nächstes kommt von der CD ein Titel von Stevie Ray Vaughn, und ich denke so bei mir, dass das Leben eigentlich ziemlich gut ist.

Am Tag zuvor hatte mich einer der Jungs aus meinem Softball-Team angerufen und mir erzählt, dass man ihm das Auto aufgebrochen hatte. Er kam gerade von seiner Mutter und musste Dampf ablassen, denn sie hatte ihn immer davor gewarnt, seine Sachen im Auto liegen zu lassen, und nun hatte er von ihr statt Mitleid nur Vorwürfe geerntet.

Ich fragte ihn, ob an seinem Auto die Scheibe eingeschlagen war. Er verneinte, und ich meinte, dass sei doch eine gute Nachricht, denn das wäre schon ein Ärger weniger. Dann fragte ich ihn, ob sein Softball-Handschuh im Auto gewesen war. Es stellte sich heraus, dass der Handschuh gerade zur Reparatur war, also lag er nicht im Wagen. Ich machte die Bemerkung, dass das ein glücklicher Umstand war, denn es kann Monate dauern, bis sich ein neuer Handschuh „richtig" anfühlt. Er stimmte mir zu, dass er da Glück gehabt hatte, aber dafür war ihm sein alter Schläger gestohlen worden. Ich gab zur Antwort, dass er sich freuen konnte, dass es nur sein alter war und nicht der neue im Wert von 300 Dollar, den er zu Weihnachten bekommen hatte.

„Du bist ein echter Motivationskünstler!", rief er und klang dabei fast schon verzweifelt. *„Du siehst in allem nur das Positive!"*

Ich bekenne mich vollkommen schuldig. Ich glaube wahrhaftig daran, dass aus allem Schlechten etwas Gutes kommen muss, und ich bin sehr optimistisch. Das ist eine Geisteshaltung. Und unsere Geisteshaltung bestimmt wahrscheinlich mehr über unseren Erfolg als alles andere, denn aus unserer Geisteshaltung erwächst unsere Einstellung, und unsere Einstellung entscheidet darüber, was wir tun, und auch darüber, was wir bleiben lassen.

Wenn Sie glauben, dass die Leute skeptisch sind, dann sprechen Sie sie mit einem Zweifel im Hinterkopf an und werden dadurch wahrscheinlich die Skepsis hervorrufen, die normalerweise gar nicht da wäre. Wenn Sie erwarten, zurückgewiesen zu werden, dann wird dies meistens auch geschehen. Wenn Sie erwarten, dass Ihre Teammitglieder negativ denken und schon bald wieder aussteigen, dann werden diese Sie höchstwahrscheinlich nicht enttäuschen. Wenn Sie allerdings von der Einzigartigkeit Ihrer Geschäftsgelegenheit überzeugt sind und glauben, dass man verrückt sein müsste, um nicht dabei zu sein, dann werden Sie mehr Einschreibungen manifestieren. Wenn Sie erwarten, dass Ihr Team sich entwickelt und vergrößert, dann geschieht dies in aller Regel auch. Ihre Erwartungshaltung ist ein sehr kraftvolles Werkzeug in dem Entwicklungsarsenal Ihrer Führungsfähigkeiten.

Es inspiriert die Menschen, wenn Sie sie wissen lassen, dass Sie Großes von ihnen erwarten, und es hilft ihnen dabei, das hierfür nötige Selbstbewusstsein aufzubauen.

Wenn es Ihnen wie den meisten von uns ergangen ist, dann sind auch Sie mit negativen Einflüssen programmiert worden, und dies hat Sie veranlasst, auf unbewusster Ebene negative Glaubensmuster und Erwartungshaltungen zu entwickeln. (Dies ist das Thema meines Buchs *Why You're DUMB, SICK & BROKE ... and How to Get SMART, HEALTHY & RICH!* {auf engl.})

Wenn Sie negative Glaubensmuster haben, dann kann dies zu zahlreichen erfolgshinderlichen Verhaltensweisen führen. Sie könnten zum Beispiel manche Menschen falsch beurteilen und zu der Meinung kommen, dass diese sowieso kein Interesse haben. Und weil Sie sie dann überhaupt nicht ansprechen, verpassen Sie die Gelegenheit, einige sehr erfolgshungrige Teampartner zu bekommen, die sehr gut für ihr Geschäft wären.

Mit einer negativen geistigen Einstellung verwandelt sich jedes kleine Problem in eine Ablenkung, und Ablenkungen lassen das Wachstum sterben. Jede verspätete Lieferung, Preiserhöhung oder Änderung im Vergütungsplan ist dann ein willkommener Anlass für eine Meckerrunde. Doch keiner von den Meckerern wird sich je ein Geschäft aufbauen.

Mit einer positiven Einstellung können Ihnen Ablenkungen nichts anhaben. Sie akzeptieren diese als Teil des Prozesses und bleiben auf Ihr Ziel fokussiert.

Die benötigte Hilfe erhalten ...

Um ehrlich zu sein, ich glaube nicht, dass man in der heutigen Zeit nur aus eigener Kraft positiv bleiben kann. Es gibt überall einfach viel zu viel negative Einflüsse. Man findet sie überall, auf allen Medienkanälen, bei vielen der Menschen, die uns umgeben (sogar bei den wohlmeinenden), und auch in den Kirchen und Regierungen. Die einzige Möglichkeit, unsere Geisteshaltung korrekt auszurichten, besteht darin, jeden Tag eine gewisse Zeitspanne für positive Programmierung festzulegen.

Dies kann in vielerlei Form geschehen:

Audioprogramme
Videos
Bücher
Veranstaltungen
unser Umfeld

Die einfachste Möglichkeit für einen täglichen positiven Impuls für unseren Geist besteht in Büchern, Audioprogrammen und Videos. Es wird eine gewaltige Auswirkung auf Ihre Ergebnisse haben, wen Sie sich morgens die Zeit nehmen, um Ihr Bewusstsein auszurichten. Sie werden dann Menschen und Umstände anziehen, die auf einer höheren Bewusstseinsebene schwingen.

Doch dies geschieht nicht durch Zufall.

Sie brauchen ein durchstrukturiertes Persönlichkeitsentwicklungsprogramm, und Sie müssen sich jeden Tag Zeit dafür nehmen und sich durch nichts davon abbringen lassen. Am Morgen lässt sich am besten die Schwingung für den ganzen Tag festlegen, doch es ist auch sehr sinnvoll, vor dem Einschlafen noch etwas Positives zu lesen, damit Ihr Unterbewusstsein sich während des Schlafs mit etwas Sinnvollem beschäftigen kann. Vor dem Zubettgehen sollten Sie sich niemals die Nachrichten ansehen und auch nicht den Tag mit einer Zeitung beginnen.
Beginnen und beenden Sie jeden Tag mit einer positiven Programmierung, um der ganzen Negativität entgegen zu wirken, der wir die restliche Zeit über ständig ausgesetzt sind.

Bitte verwechseln Sie diese Ressourcen zur Persönlichkeitsentwicklung nicht mit Werkzeugen zum Geschäftstraining. Sie brauchen beides. Wenn Ihr Unternehmen oder Ihre Upline ein automatisches Lieferprogramm für CDs, DVDs oder Bücher anbietet, können Sie sich glücklich schätzen. Dadurch werden Sie ständig mit den benötigten Materialien versorgt.

Gibt es für Sie kein solches Programm, dann müssen Sie dafür Sorge tragen, sich selbst diese Materialien zu beschaffen. Halten Sie Ausschau nach Dingen, die dem Wachstum von Körper, Geist und Seele förderlich sind. Eine starke spirituelle Basis ist einer richtigen Geisteshaltung sehr förderlich. Bitten Sie Ihren spirituellen Ansprechpartner um Werke, die für Ihre persönliche Entwicklung nützlich sein können.

Es gibt einige klassische Werke, die Sie auf jeden Fall in Ihr Programm aufnehmen sollten. Dazu zählen folgende Bücher:

Denke nach und werde reich
Die Wissenschaft des Reichwerdens
Denken Sie groß!
Die Kraft positiven Denkens
Wie man Freunde gewinnt
Das SGR-Programm
Der reichste Mann von Babylon

Auch Audio- und Videoprogramme von Jim Rohn, Wayne Dyer und Deepak Chopra vermitteln großartiges Wissen zur Beschleunigung Ihres Persönlichkeitswachstums.

Durch Versagen zum Erfolg ...

Im Buch *Heile deine Gedanken* gibt es einen Abschnitt über das Scheitern. Der Autor James Allen schreibt: „Selbst wenn ein Mensch auf dem Weg zu seinem Ziel immer und immer wieder scheitert (was notwendigerweise geschehen muss, bis die Schwäche überwunden wurde), so wird die dadurch erworbene Chrarakterstärke das Maß seines wahren Erfolges sein, und dieser wird einen neuen Ausgangspunkt für zukünftige Macht und zukünftigen Triumph bilden."

Das stimmt erst recht in unserem Geschäft!

Haben Sie dies wirklich verinnerlicht? Sehen Sie, es geht nicht darum, der Zurückweisung und den Problemen aus dem Weg zu gehen. Probleme sind die Stufen, die Ihren Charakter sowie die Fähigkeiten entwickeln, die Sie schlussendlich siegreich sein lassen werden.

Die Kraft der Träume ...

In unserem Geschäft wird sehr viel von Träumen gesprochen. Das ist auch notwendig, denn unsere Träume lassen uns die nötige Zeit finden, sie bewirken, dass wir uns unseren Ängsten stellen und alle Herausforderungen überwinden.

Sie müssen dazu bereit sein, für Ihre Träume gegen die Negativität der Masse anzukämpfen. Verbringen Sie weniger Zeit mit den Traumdieben.

Investieren Sie so viel wie nur möglich in Ihre Träume und geben Sie mehr Geld für Ihre Persönlichkeitsentwicklung aus als in der Kneipe oder im Café.

Entwickeln Sie lieber Ihren eigenen Traum, als sich den Traum eines anderen zu borgen. Sie müssen ihn fühlen, sehen, riechen und schmecken können. Machen Sie Ihren Traum so anziehend, dass Sie von ihm regelrecht angezogen werden, dann halten Sie ihn mit Hilfe von Affirmationen und Visionskarten in Ihrem Bewusstsein fest.

Ihr Traum muss genauso groß wie Sie sein, und wenn Sie Ihren Traum größer werden lassen, dann wachsen auch Sie.

Wenn Sie Ihren Traum öffentlich verkünden, so werden Sie die Menschen in Ihr Geschäft bringen, die Ihnen helfen, und die Leute, die Sie schwächen würden, werden ferngehalten. Verkünden Sie also Ihren Traum und nehmen Sie sich jeden Morgen die Zeit, um an Ihrer Einstellung und Ihrer persönlichen Entwicklung zu arbeiten.

Das Gegenteil von Erfolg ist nicht das Versagen, sondern die Mittelmäßigkeit. Das Versagen gehört zum Erfolgsprozess dazu, und um in unserem Beruf (oder jedem anderen Beruf) erfolgreich zu sein, müssen Sie bereit sein, diesen Preis zu bezahlen – den Preis, Ihre Fähigkeiten und Ihren Charakter zu entwickeln.

Niemand von uns liebt es, zurückgewiesen zu werden, wenn Menschen unser Team verlassen, oder wenn eine von Dutzenden anderer Herausforderungen den Aufbau eines starken Teams behindert. Doch wenn Sie Ihre täglichen Übungen zur Persönlichkeitsbildung machen, werden Sie diese Herausforderungen als das erkennen, was sie eigentlich sind, und Sie werden sie überwinden, um anschließend zum Erfolg zu gelangen.

Kapitel 3

Das Richtige tun

Ein Vorbild an Integrität sein

In meinem E-Mail-Eingang erwartete mich eine interessante Nachricht. Eines meiner Teammitglieder in Übersee schrieb mir, dass eine Vertriebspartnerin mit einem mittleren Rang gern in eine andere Linie wechseln würde. Sie war mit ihrem Sponsor nicht zufrieden und wollte sich gern unserem Team anschließen.

Sie schlug vor, sich unter der ID-Nr. ihres Ehemanns einzuschreiben, der dem Unternehmen nicht bekannt war. Sie schrieb auch, dass ihr gesamtes Team einverstanden war und gemeinsam mit ihr wechseln wollte.

Das Umsatzvolumen wäre sicherlich interessant gewesen…

Trotzdem habe ich sofort abgelehnt, weil es einfach nicht das Richtige gewesen wäre. Ich will keinen Krieg mit anderen Linien führen, und es missfällt mir, wenn jemand aus meinem Team abgeworben werden soll. Und ich könnte mich schwerlich über solch ein Vorgehen beschweren, wenn ich es in meinem eigenen Team gutheißen würde. Darüber hinaus schlafe ich abends viel leichter ein, wenn ich weiß, dass ich mich den Tag über integer verhalten habe.

In unserer Organisation halten wir uns an zehn Prinzipien, die wir auf jeder Ebene als Verhaltensmaßstäbe verankern.

Eines der Prinzipien besteht darin, stets das Richtige zu tun. Wenn Sie dies auch in Ihrer Organisation einführen, so werden Sie vielerlei positive Auswirkungen in Ihrem geschäftlichen und privaten Leben erfahren.

Wie alles andere, worüber wir in diesem Buch sprechen, so beginnt auch hier alles bei Ihnen selbst. Wenn Sie zeigen und vormachen, wie man das Geschäft integer führt, dann wird dieses Verhalten in Ihrem gesamten Team zur Norm. Das soll nicht bedeuten, dass Sie niemals einen schlechten Vertriebspartner haben werden; das passiert manchmal. Doch so jemand wird mit Ihren Verhaltensmaßstäben nicht lange klarkommen und sein Glück lieber woanders versuchen.

Ich glaube, einer der größten Vorzüge unseres Geschäfts gegenüber dem traditionellen Unternehmertum ist die von uns praktizierte Integrität. In der Arbeitswelt herrscht eine Jeder-frisst-jeden-Mentalität vor. Die Leute werden auch noch dafür belohnt, wenn sie anderen am Stuhl sägen, um selbst besser dazustehen. So dramatische Dinge wie Machtspielchen, Diskriminierung und Buchhaltungsskandale führen bei vielen Menschen zu chronischen Erschöpfungszuständen.

Sie blicken dann auf unsere Welt und sehen ein System, wo der Erfolg entsteht, indem man anderen dabei hilft, erfolgreich zu werden, wo die Upline dafür bezahlt wird, dass sie in die Tiefe geht und sich um ihr Team kümmert, und wo es auf den Spitzenleveln des Erfolgs unbegrenzt viel Raum gibt. Das kann einen richtig high machen und es zieht zahlreiche Flüchtlinge aus der traditionellen Arbeitnehmerschaft an. Damit das auch so weitergeht, müssen

Sie sorgfältig darauf achten, auf welche Weise Ihr Team das Geschäft betreibt. Und das beginnt mit Ihnen selbst ...

Kann man sich auf Ihr Wort verlassen?

Halten Sie das Copyright ein oder machen Sie illegale Kopien?

Halten Sie alle Vorschriften und Gesetze ein und zahlen Sie Ihre Steuern?

Respektieren Sie bei offenen Veranstaltungen die Gäste anderer Vertriebspartner und achten Sie darauf, dass diese sich bei demjenigen einschreiben, der sie auch eingeladen hat?

Bezahlen Sie für Ihre Marketingmaterialien und Teilnahme an Veranstaltungen?

Achten Sie Eheversprechen, sowohl das Ihre als auch das von anderen?

Geben Sie nur solche Produkteigenschaften und Erfahrungsberichte weiter, die vom Unternehmen genehmigt sind?

Stellen Sie Ihr eigenes Einkommen und das Einkommenspotential Ihres Unternehmens genau und ehrlich dar?

All diese Dinge gehören zu dem größeren Bild, wie Sie Ihr Geschäft betreiben. Wenn Sie dies mit Integrität tun, werden Sie gute Leute anziehen und diese auch halten, Ihr Team wird in jeder Situation richtig reagieren und Ihr gesamtes

Verhalten wird in Harmonie mit den Wohlstandsgesetzen sein. So kommen Sie schneller zum Erfolg, und Ihr Erfolg wird alle zeitweiligen Herausforderungen überstehen und zum Dauerläufer werden. Und was am wichtigsten ist, Sie werden sich mit Ihrem Geschäft sehr wohl fühlen und es wird Ihnen eine große Befriedigung vermitteln.

Kapitel 4

Das Volumen steigern

So entsteht Ihr Einkommen

Ich kann mich noch gut erinnern, wie mich einmal ein Bekannter zu sich nach Hause einlud, um mich mit dem „Flughafenspiel" bekannt zu machen. Er sagte, ich solle 5.000 Dollar in bar mitbringen und auf keinen Fall jemanden von der Polizei oder Presse einladen. Ich lehnte die Einladung ab.

Einige Wochen später teilte er mir mit, dass er das Spiel ins Laufen gebracht und über 75.000 Dollar in bar verdient hätte. Sechs Monate später klang sein Lied allerdings ganz anders ...

Es stellte sich heraus, dass der Spielring von den Behörden gesprengt wurde, kurz nachdem er seinen Reibach gemacht hatte. Zahlreiche seiner Freunde und Familienmitglieder hatten viel Geld verloren. Natürlich gaben sie ihm die Schuld, und er sagte mir, das alles war der schlimmste Fehler, den er je gemacht hatte.

Bei Geldspielen und Pyramidensystemen gibt es immer nur Verlierer. Bei einem gesetzeskonformen Network Marketing-Geschäft braucht niemand zu verlieren. Wo liegt also der Unterschied?

Im Network Marketing verdienen wir nicht an Schulungsgebühren oder Kopfprämien, sondern ausschließlich durch das Umsatzvolumen von Produkten oder Dienstleistungen, die der Endverbraucher erwirbt. Dies bedeutet, dass Ihre Bonuszahlungen direkt vom Umsatzvolumen Ihrer Organisation abhängig sind.

Nun können Sie ebenso wenig wie alles andere, worüber wir sprechen, das Volumen Ihres Networks steuern. Aber auch hier werden die Verhaltensmaßstäbe, die Sie im ersten Kreis vorgeben, einen direkten Einfluss auf alle anderen Kreise haben.

Dies geschieht auf drei Arten:

1. Die Produkte oder Dienstleistungen, die Sie und Ihre Familie nutzen.
2. Die Produkte oder Dienstleistungen, die Sie als Proben verschenken.
3. Ihr eigener Kundenstamm.

Die Produkte oder Dienstleistungen, die Sie und Ihre Familie nutzen

Die von Ihrem Unternehmen hergestellten Produkte sollten Sie unter keinen Umständen irgendwo anders erwerben. Sie müssen selbst Ihr bester Kunde sein und in Ihrem eigenen Laden kaufen. Ein Besitzer von Burger King wird auch nicht bei McDonald's essen gehen!

Bitte sabotieren Sie nicht Ihr Geschäft, indem Sie bei Ihren eigenen Produkten kurz treten. Sie können sich keine Vorstellung davon machen, wie viele Menschen scheitern, weil ihre erste Frage lautet: „Ab welchem Mindestvolumen erhalte ich eine Bonuszahlung?" Wenn das Ihre Einstellung ist, dann sollten Sie dieses Buch sofort aus der Hand legen und lieber bei Ihrem Job bleiben.

Haben Sie schon jemals erlebt, dass es jemand irgendwo zu großem Erfolg brachte, indem er nach den Mindestbedingungen gefragt hat?

Kaufen Sie nicht einfach nur bei sich selbst, sondern kaufen Sie VIEL. Je mehr Ihrer Produkte oder Dienstleistungen Sie nutzen, umso besser werden Sie diese kennen lernen. Sie werden wahrscheinlich bessere Resultate erzielen, können glaubwürdiger von Ihren Erfahrungen berichten und leidenschaftlicher Ihre Geschichte erzählen. Je beeindruckender Ihre Geschichte und Ihre Erfahrungen sind, umso mehr wird Ihr Umsatzvolumen anwachsen.

Je mehr Ihr Team sieht, wie viele Produkte Sie benutzen oder zu Hause haben, umso eher werden Ihre Teampartner es Ihnen gleichtun. Nach zwanzig Jahren Erfahrung in der Beratung meines Teams kann ich Ihnen versichern, dass jemand, der ausgiebig seine Produkte und Dienstleistungen nutzt, auch ein hohes Gruppenumsatzvolumen erreicht.

Ein weiterer, häufiger, schwerer Fehler besteht darin, dass viele Leute behaupten, sie hätten nicht genug Geld und müssten deswegen ihren Produktkonsum einschränken. Ich kann Ihnen gar nicht sagen, wie viele Leute ich getroffen habe, die behaupten, sie könnten im Moment keine 200 Euro für ihre Produkte ausgeben, und das, obwohl sie bereits monatliche Bonuszahlungen von 500 oder 700 Euro oder manchmal sogar noch sehr viel mehr erhalten.
Diese 500 oder 700 Euro kommen doch genau von diesen Produkten! In diesem Stadium sollten Sie auf keinen

Fall bereits von Ihrem Geschäft leben wollen; Sie sollten stattdessen in sein Wachstum investieren. Und die beste Investition besteht darin, sich einen breiten Querschnitt aller Produkte zuzulegen und eine großartige Geschichte erzählen zu können.

Die Produkte oder Dienstleistungen, die Sie als Probenverschenken

Begehen Sie nicht den Fehler, Ihren Gewinn dadurch erhöhen zu wollen, indem Sie an Probepackungen sparen. Dies führt in Wahrheit zu erheblich geringeren Einschreibezahlen und gibt Ihrem Umsatzvolumen den Todesstoß. Gehen Sie mit Ihren Proben großzügig um!

Jedes Mal, wenn Sie jemanden zu einer Präsentation mitbringen, sollten Sie dieser Person ein hübsches Paket mit Produktproben zum Mitnehmen überreichen. Ihre Produkte sind Ihre beste Werbung.

Ihr eigener Kundenstamm

Dieser Bereich übt den größten Einfluss auf Ihr Volumen aus.

Es ist eine Tatsache, dass sich nicht jedermann dafür eignet, ein Geschäft zu eröffnen und sein eigener Chef zu sein. Aber Ihre Produkte eignen sich ganz sicher für jeden! Es wird daher zahlreiche Menschen geben, die sich gegen das Geschäft entscheiden, die aber von den Produkten profitieren könnten. Sie müssen hierbei nun einige Dinge beachten, um das meiste für sich herauszuholen.

Zunächst sollten Sie eine sichere Umgebung für diejenigen schaffen, die sich kein riesiges Network aufbauen wollen, die aber dennoch von den Produkten begeistert sind und diese gern weiterverbreiten möchten. Drängen Sie sie nicht zu Geschäftspräsentationen oder anderen Verpflichtungen zum Geschäftsaufbau, wenn das schlicht nicht ihr Ding ist. Wenn diese einfach nur Einzelhandel betreiben wollen, dann sollten Sie sie darin unterstützen und ihnen alle nötigen Hilfestellungen geben.

Machen Sie jedem Interessenten, der sich gegen die Geschäftsgelegenheit entscheidet, deutlich, wie sehr Sie ihn als Kunden schätzen würden. Erläutern Sie ihm, wie einfach das automatische Lieferprogramm funktioniert, wenn Ihr Unternehmen ein solches anbietet. Sagen Sie ihm, dass Sie ihn jederzeit freundlich und zuvorkommend bedienen werden und dass es für Sie sehr viel bedeuten würde, ihn als Kunden zu betreuen.

Durch meinen Geschäftsaufbau im Network Marketing habe ich Millionen von Dollar verdient, doch dies ist wenig im Vergleich zu den Millionen an zusätzlichem Einkommen, die ich in der Vergangenheit liegen ließ, weil ich mir keinen größeren Kundenstamm aufbaute. Ich glaubte, mit Geschäftsentwicklern verdiene man das meiste Geld, also konzentrierte ich mich darauf und sagte im Prinzip denjenigen, die nur Kunden sein wollten, dass ich keine Zeit hatte, mich um sie zu kümmern. Das war natürlich ein schwerwiegender Fehler, denn mein Team machte es mir nach. Der Produktumsatz Innerhalb meines Teams war großartig, doch es gab kaum Endkundenvolumen.

Rechnen Sie doch mal mit ...

Nehmen wir einmal an, der durchschnittliche Produktumsatz in Ihrer Gruppe beträgt 100 Euro im Monat. Bei einer Gruppengröße von 1.000 Vertriebspartnern werden Sie für ein Volumen von 100.000 Euro bezahlt. Nehmen wir nun weiter an, dass jeder aus Ihrer Gruppe zusätzliche 200 Euro mit Einzelhandelskunden umsetzt. Jetzt würden Sie schon für ein Volumen von 300.000 Euro bezahlt. Sie haben Ihre Bonuszahlung verdreifacht. Anstelle von 500 Euro verdienen Sie nun 1.500, oder anstelle von 8.000 bekommen Sie nun 24.000 Euro. Oder wenn Sie vorher 30.000 erhielten, können Sie nun 90.000 einkassieren.

Je länger Sie schon im Geschäft sind, umso höher sollte auch das durchschnittliche Volumen sein. Wenn Sie erst seit Kurzem dabei sind, haben Sie vielleicht nur drei oder vier Kunden, doch wenn Sie schon seit einem Jahr im Geschäft sind, dann sollten es schon mindestens zehn oder 15 sein. Und wenn Sie und Ihre wichtigsten Vertriebspartner bereits fünf Jahre oder länger dabei sind, so ist es sehr gut möglich, dass jeder in Ihrem Team 30 oder 40 Kunden hat. Dann steigt Ihr Bonus auf den zehnfachen, zwanzigfachen oder sogar dreißigfachen Betrag.

Kaufen Sie daher großzügig in Ihrem eigenen Laden ein. Verteilen Sie an alle Interessenten einen hübschen Produktquerschnitt zum Ausprobieren, und bauen Sie sich einen breiten Kundenstamm auf. Das persönliche Volumen in Ihrem Kreis wird sich vervielfachen, genauso wie das Volumen Ihres Teams. Dann können Sie an Ihre Bonuszahlungen noch ein paar zusätzliche Nullen anhängen!

Kapitel 5

Lassen Sie es Manna regnen

Hektische Betriebsamkeit oder einkommenserzeugende Aktivitäten?

Ich befinde mich auf einem Kreuzzug – ich will die korrekten Erwartungshaltungen vermitteln, die man für unser Geschäft braucht.

Ich höre immer wieder von Leuten, die ihren Interessenten erzählen, dass sie ihr Geschäft mit einem wöchentlichen Zeitaufwand von vier bis fünf Stunden starten können.

Das können Sie vergessen!

Niemand kann mit so wenig Zeitaufwand ein Network aufbauen. In so wenigen Stunden kann man sich sicherlich ein Einzelhandelsgeschäft aufbauen, aber gewiss kein großes Network duplizieren.

Um in diesem Geschäft nebenberuflich zu beginnen, brauchen Sie mindestens zehn bis 15 Stunden pro Woche. Denn sobald Sie einen oder zwei erfolgshungrige Partner haben, müssen Sie für diese bei Veranstaltungen und Telefongesprächen zur Verfügung stehen, Sie müssen sich um weit entfernte Linien kümmern und noch um vielerlei andere Dinge, die sich nicht in vier oder fünf Stunden wöchentlich erledigen lassen.

Doch das ist eigentlich gar nicht das Hauptthema ...

Gehen Sie doch mal zu einer großen Veranstaltung Ihres Unternehmens und bitten Sie alle diejenigen die Hand zu heben, die mindestens zehn Stunden wöchentlich investieren.
90 Prozent werden beide Hände heben und winken, so als ob ihnen der Zeitaufwand völlig egal wäre!

Doch darin liegt auch ein Problem ...

Tut mir Leid, liebe Leute, doch fünf Stunden auf Facebook zu chatten und ein paar Twitter-Nachrichten zu versenden ist noch lange kein Geschäftsaufbau!

Ebenso wenig baut man sein Geschäft auf, indem man alle fünf Minuten sein Umsatzvolumen im Internet kontrolliert und nachsieht, ob jemand einen neuen Vertriebspartner eingeschrieben hat.

Auch alle auf Ihrem ersten Level anzurufen und ihnen zu sagen, wie begeistert Sie sind, wird nichts bewirken.

Und wenn Sie die Vitamintabletten auf Ihrem Regal alphabetisch umsortieren, so hat das keinerlei Auswirkung auf Ihren Bonus.

Auch den Schreibtisch aufzuräumen, die Ablage zu machen und alles in Ihrem Präsentationskoffer sauber einzusortieren sind alles lobenswerte Aktivitäten, für die Sie sicherlich im Himmel eine Belohnung erhalten werden – doch dafür werden Sie nicht bezahlt!

Denken Sie immer daran: Wir werden nur für das Volumen bezahlt, das durch Produkte für den Endkunden erzeugt wurde. So einfach ist das. Und Volumen entsteht nur auf diese beiden Arten:

1. Interessenten zu Präsentationen bringen, bei denen sie sich dem Geschäft anschließen.
2. Interessenten zu Präsentationen bringen, bei denen sie nicht ins Geschäft einsteigen, aber stattdessen zu Kunden werden.

Nur für diese beiden Aktivitäten werden Sie bezahlt. Alles andere ist nur eine Ablenkung, und Ablenkungen kosten Geld.

Der Unterschied zwischen jenen, die ein paar hundert oder tausend Euro im Monat verdienen und denjenigen, die finanzielle Freiheit erreichen, besteht in den Anfangsaktivitäten während dieser zehn bis 15 Wochenstunden. Hier trennen sich die Amateure von den Profis.

Amateure verbringen viel Zeit mit hektischer Betriebsamkeit; die Profis investieren so viel Zeit wie nur möglich in mannabringende Aktivitäten.

Eines der wirksamsten Dinge, die Sie tun können, um Ihre Produktivität und Ihr Einkommen zu maximieren, besteht darin, Ihre Woche zu planen. Nehmen Sie sich am Wochenende 45 Minuten Zeit, um die folgende Woche durchzuplanen. Legen Sie ganz genau fest, wann Sie diese zehn bis 15 Stunden investieren und womit Sie sie verbringen wollen.

Planen Sie Zeit für das Aussenden von Einladungen, das Begleiten von Interessenten zu Präsentationen und für das Nachfassen ein. Diese mannabringenden Aktivitäten sorgen für Volumen.

Das ist alles keine komplizierte Wissenschaft, und doch wird eine konsequente Zeitplanung mehr für Ihr Geschäft bewirken als sonst irgendeine andere Strategie.

Kapitel 6

Die Hauptwurzel versorgen

Geschäftsaufbau von unten nach oben

Im letzten Kapitel haben wir darüber gesprochen, wie wir es Manna regnen lassen können. Wenden wir uns nun der Frage zu, wie wir diesen Regen so lenken können, dass er so viele Früchte wie möglich hervorbringt. In den früheren Zeiten, als es für alle nur die stufenartigen Breakaway-Vergütungspläne gab, nannten wir dies die „Hauptwurzel-Strategie".

Die Vergütungspläne haben sich natürlich weiterentwickelt, und die Umsetzung in andere Pläne mag unterschiedlich sein, doch das zugrunde liegende Prinzip ist heute noch genauso kraftvoll wie damals.

Die dahinter stehende Analogie ist die zentrale Hauptwurzel, die jeder Baum hat. Diese Wurzel reicht tief in das Erdreich hinein, um Wasser und Nährstoffe für das Wachstum heran zu holen. Und je tiefer diese Hauptwurzel reicht, umso größer und kräftiger wird der Baum. Dasselbe Prinzip gilt auch für die Duplizierung.

Die meisten arbeiten in ihrer Organisation von oben nach unten und konzentrieren sich auf ihre persönliche erste Ebene. Bei der Hauptwurzelstrategie arbeitet man von unten nach oben, indem man auf den unteren Ebenen für Volumen und Begeisterung sorgt. Das bewirkt dann eine Kettenreaktion nach oben.

Dies lässt sich auf verschiedene Weisen erreichen ...

Die erste Möglichkeit besteht in Präsentationen und Heim-Meetings, die Sie vor Ort durchführen. Sagen wir, Sie führen bei Jack und Sue zu Hause ein Meeting durch. Beide sind auf Ihrer ersten Ebene, und deren Gäste Alex und Becky schreiben sich ein. Dann lassen Sie das nächste Meeting bei Alex und Becky stattfinden und laden Jack und Sue ein, dabei zu sein. Sie machen den beiden klar, dass Sie ihnen in der Tiefe ihrer Gruppe helfen wollen, um sie im Prozess so weit fit zu machen, dass sie ihn dann selbst weiterführen können.

Nehmen wir nun an, bei diesem Meeting schließen sich Chris und Carmen dem Geschäft an. Das darauf folgende Treffen findet nun bei diesen beiden zu Hause statt, und Jack und Sue sowie Alex und Becky sind dazu eingeladen. Diesen Prozess führen Sie nun Ebene um Ebene weiter. Diese Vorgehensweise entwickelt eine Eigendynamik, und schon bald wird ein Paar (hoffentlich Jack und Sue, aber nicht notwendigerweise) den Prozess an Ihrer Stelle weiterführen.

Ähnlich können Sie auch mit weiter entfernten Linien vorgehen. Durchsuchen Sie Ihre Downline auf Vertriebspartner, die viel bewegen. (Sie erkennen dies daran, dass diese zahlreiche Vertriebspartner sponsern oder ein beständig anwachsendes Umsatzvolumen haben.) Wenn jemand viel bewegt, dann sollten Sie ihn noch zusätzlich anfeuern!

Tun Sie dies, indem Sie mit ihm Kontakt aufnehmen und mitteilen, dass Sie bereit sind, zu ihm zu fahren und für ihn einige Präsentationen und Schulungen durchzuführen.

Dies wird ihn natürlich begeistern, und diese Begeisterung pflanzt sich dann durch die über ihm gelegenen Ebenen fort. Achten Sie darauf, auch mit den Führungskräften in diesen Ebenen Kontakt zu halten und sie über die Aktivitäten unter ihnen auf dem Laufenden zu halten. Je weiter unten Sie arbeiten, umso besser werden die erzielten Resultate sein.

Viele Networker arbeiten nur mit den Vertriebspartnern, an denen sie auch etwas verdienen, doch ich halte das für einen schweren Fehler. Wenn ich in meiner Downline nach Leuten mit Potential Ausschau halte, dann interessiert es mich nicht, wie weit unten in meiner Gruppe sie sind oder ob ich überhaupt etwas an ihnen verdiene. Das Arbeiten mit Vertriebspartnern, die außerhalb Ihres Bonusbereichs liegen, wird gleichwohl für höhere Auszahlungsbeträge sorgen und auch für langfristige Stabilität innerhalb der Organisation.

Wenden wir uns als nächstes einem weiteren Element zu, über das Sie die Kontrolle haben – die Teilnahme Ihrer Gruppe an örtlichen Veranstaltungen ...

Die Hauptwurzel versorgen

Kapitel 7
Ihr eigener Ticketshop

Schaffen Sie Wachstum durch Veranstaltungen

Der einfachste und solideste Weg zum Geschäftsaufbau führt über den örtlichen Markt, gerade dort, wo Sie leben. Dies vermittelt Ihnen Erfahrung, Selbstvertrauen und auch das Einkommen, das Sie benötigen, um weiter entfernte Linien aufzubauen. Diese Linien sollten dann die örtlich aufgebauten Strukturen ergänzen. Ihren örtlichen Markt bauen Sie sich mit Veranstaltungen direkt vor Ort auf.

Mir ist bewusst, dass eine solche Aussage heutzutage nicht gerade im Trend liegt. Es gibt ganze Horden von selbst erklärten Gurus, die predigen, dass Veranstaltungen, bei denen Menschen auf Menschen treffen, tot sind und dass man sein Geschäft am besten über das Internet aufbaut, indem man zu Hause in Pantoffeln vor dem Computer sitzt. Diese Gurus erzählen den Leuten genau das, was sie hören wollen, und damit lassen sich die Leichtgläubigen nur noch leichter ausnehmen. Damit erweisen sie ihren Anhängern einen Bärendienst.

Während ich dies schreibe, bin ich im Vielfliegerprogramm von drei Fluglinien auf der höchsten Stufe, und bei einer vierten auf der zweithöchsten. So häufig mit dem Flugzeug zu reisen bereitet mir keine besondere Freude, doch ich führe gern überall Live-Veranstaltungen durch, weil sie funktionieren. Ich nehme an den Events meines lokalen Teams teil und unterstütze die örtlichen Veranstaltungen meiner weiter entfernt wohnenden Teampartner.

Es existiert im Network Marketing ein großes Ungleichgewicht zwischen denjenigen, die wirklich etwas bewegen, und jenen, die es zu nichts bringen. Ich bin der Meinung, der größte Unterschied zwischen diesen beiden Gruppen besteht in der Einstellung zu Veranstaltungen. Die Networker, bei denen die Duplizierung funktioniert, wissen um die Bedeutung von Live-Events, während die anderen vergeblich nach Abkürzungen suchen.

Nehmen wir einmal folgendes Szenario ...

Jemand startet eine Facebook-Gruppe; das Thema ist, wie man ein Geschäft von zu Hause aus führt, oder auch seine Produktlinie. Sobald seine Gruppe einige Mitglieder zählt, versucht er in regelmäßigen Abständen, diese wildfremden Menschen neugierig zu machen. Er erzählt ihnen, dass Meetings altmodisch sind, dass sowieso niemand mehr dorthin geht und dass er ein virtuelles Online-Geschäft aufbaut.

Doch damit gibt er sich einer vollkommenen Täuschung hin.

Das Gleiche gilt für alle, die zur Interessentengewinnung *Anziehungsmarketing* und *Pay per Click* -Werbekampagnen promoten. Manchmal wird den Networkern tatsächlich geraten, ihren warmen Markt nicht anzusprechen und auch keine Live-Meetings durchzuführen.

Sie werfen mit Begriffen wie *alte Schule* und *neue Schule* um sich und wollen damit suggerieren, dass Strategien, die einfach nur auf dem gesunden Menschenverstand beruhen, wie das Ansprechen von Freunden und Bekannten, irgendwie nicht mehr in die heutige Zeit passen.

Die meisten dieser Gurus bauen sich gar keine Organisation auf; sie verdienen gut daran, dass sie die Networker durch den Verkauf von Systemen, Tools und Adressen um ihr Geld erleichtern. Manche beherrschen die Pay per Click-Werbung wirklich gut und bauen sich tatsächlich etwas auf, doch die meisten derjenigen, die sich bei ihnen einschreiben, fallen unter eine der beiden folgenden Kategorien:

Die erste besteht aus Leuten mit einer Lotterie-Mentalität, die nach einer Abkürzung beim Geschäftsaufbau suchen. Sie glauben, dass die Methoden der *neuen Schule* irgendwie die für den Erfolg notwendige Arbeit eliminieren könnten. Sie werden unweigerlich versagen und sind schnell wieder draußen.

Zur zweiten Gruppe gehören Menschen, die sich ernsthaft etwas aufbauen wollen und die auch leistungsbereit sind. Unglücklicherweise benötigt man für die Pay per Click-Werbung einiges an Zeit und auch an Talent. Wenn man diese Art von Werbung nicht wirklich beherrscht, kann man sehr schnell viel Geld verlieren. Und um sie zu beherrschen braucht man Wissen und Talent, das ein Durchschnittsmensch nicht so einfach duplizieren kann. Denken Sie stets an den wichtigsten Merksatz im Network Marketing: Es kommt nicht darauf an, ob etwas funktioniert, sondern darauf, ob es duplizierbar ist.

Meetings und Events funktionieren und sie lassen sich duplizieren, und dort geschehen Dinge, die auf andere Art und Weise einfach nicht duplizierbar sind.

Kommen wir noch einmal auf etwas Grundsätzliches für das MLM zurück: auf den Unterschied zwischen Geldspielen und gesetzeskonformem Network Marketing. Wir erhalten keine Kopfprämien und kein Geld, wenn wir jemanden einschreiben oder schulen. Wir werden nur für das Umsatzvolumen bezahlt, und Volumen entsteht nur, wenn unsere Produkte zu den Endverbrauchern kommen.

Wie können wir das erreichen?
Indem wir Interessenten zu Präsentationen einladen, sie dorthin begleiten und anschließend nachfassen. Wir werden nur bezahlt, wenn sich jemand einschreibt und Produkte kauft, oder auch, wenn er nicht einsteigt und dafür Endkunde wird. Die einzigen wahrhaftigen mannaproduzierenden Aktivitäten sind daher jene, die eben diese Ergebnisse hervorbringen. Alles andere ist nur hektische Betriebsamkeit.

Nur um mich klar auszudrücken, ich will damit nicht behaupten, dass kein Platz wäre für Webcasts, Videokonferenzen, Telefonkonferenzen, CDs, DVDs und die zahlreichen anderen Möglichkeiten, die uns die moderne Technik bietet. All dies kann für Ihren Geschäftsaufbau von unschätzbarem Wert sein, doch wenn Sie versuchen sollten, damit die Live-Veranstaltungen zu ersetzen, werden die Duplizierung und Ihre Ergebnisse darunter leiden.

Wir müssen die Interessenten durch den Rekrutierungsprozess führen, und ein gut durchgeführter örtlicher

Event stellt hiervon einen unverzichtbaren Bestandteil dar. Dieser kann wöchentlich, zweiwöchentlich oder auch monatlich stattfinden.

Ich weiß, dass es sich leichter anhört, im Batman-Schlafanzug zu Hause zu bleiben und den Geschäftsaufbau online zu betreiben, doch damit versuchen Sie, das Spiel zu unterlaufen. Der einzige Käse, der umsonst zu haben ist, befindet sich in der Mausefalle. Nichts kann den Social Proof (die soziale Bewährtheit) und die vielfältigen Dynamiken ersetzen, die sich bei einer Live-Veranstaltung abspielen.

Ihre Interessenten müssen zunächst einen ersten Blick auf das Geschäft werfen können (meist bei einer Heim-Präsentation, einem Vieraugengespräch, einem Webcast, oder durch ein Marketing-Tool), und dann sollen sie bei einer größeren örtlichen Veranstaltung ihre Reserviertheit aufgeben. Bei den Events vor Ort entscheidet sich, wer zum Kunden, zum Geschäftsentwickler oder auch zu keinem von beiden wird. In jeder Region sollte daher so rasch wie möglich eine regelmäßige Veranstaltung eingerichtet werden.

Sobald die Eventstruktur steht, müssen Sie sich an den Kartenverkauf machen ...

Sie betreiben quasi Ihren eigenen Ticketshop. Im Januar verkaufen Sie die Karten für den Event im Februar, im Februar die für den Event im März, im März für April und so weiter und so fort.

Die Kartenpreise sollten einen Mengenrabatt vorsehen. Erwerben Sie jeden Monat ein gewisses Kontingent von

Karten für sich selbst und regen Sie Ihr Team an, es Ihnen gleichzutun. Die Preisgestaltung könnte beispielsweise so aussehen: Tageskasse EUR 20,-, Vorverkauf EUR 10,-, fünf Karten im Vorverkauf für EUR 35,- und zehn für EUR 50,-. Durch diese Rabattstaffel werden die meisten Vertriebspartner dazu angeregt, gleich ganze Kontingente zu erwerben. Und wenn sie dann einmal die Karten haben, bringen sie zum nächsten Meeting auch mehr Gäste mit und dann mehr neue Vertriebspartner, und zwar aus folgendem Grund:

Die normale Verhaltensweise eines Menschen wäre, eine Karte für sich selbst zu kaufen. Dann denkt er sich, falls ich jemanden mitbringe, kaufe ich eben noch eine. Vielleicht bringt er also nächsten Monat einen Gast mit, vielleicht aber auch nicht.

Nehmen wir einmal an, Sie nehmen gleich zehn Tickets. Sie werden sich dann den ganzen Monat über anstrengen, um die übrigen neun Sitze zu füllen. Realistisch betrachtet wird Ihnen das wohl kaum gelingen. Sie werden sicherlich einen Schwund haben, aber feiern Sie diesen Schwund!

Denn wenn Sie sich neun Gäste zum Ziel setzen, haben Sie in aller Regel fünf, sechs oder sieben. Von diesen werden sich mindestens zwei oder drei einschreiben. Dann sorgen Sie dafür, dass jeder davon zehn Karten für den nächsten Event erwirbt, und der Prozess beginnt von Neuem ...

Der Unterschied ist, dass Sie jetzt über eine sehr viel größere Mitarbeiterbasis zum Karten verkaufen, Einladen und Einschreiben verfügen. So nehmen jeden Monat mehr Menschen an der Veranstaltung teil.

Selbst wenn Sie jemanden sponsern, der weit entfernt wohnt, so sollten Sie auch ihm beibringen, wie er diesen Prozess in seiner Stadt ins Laufen bringen kann. Auf diese Weise bauen Sie sich eine große Organisation auf – indem Sie ein solides Netzwerk örtlicher Veranstaltungen ins Leben rufen. Die Aufstellung aller Events kann dann auf der Website des Unternehmens oder des Teams veröffentlicht werden. So hat jeder von überall Zugriff auf den Veranstaltungskalender.

Wenn Ihre Teammitglieder sehen, dass überall im Land (oder sogar überall in der Welt) Veranstaltungen stattfinden, beginnen sie sich zu überlegen, wen sie dort kennen und dorthin schicken könnten. Teampartner in verschiedenen Städten können vereinbaren, sich gegenseitig um die Gäste des anderen zu kümmern, und dann kommt wirklich etwas in Bewegung.

Ein wichtiger Hinweis:

Ich glaube, ein Markt wird dann beständig nach vorne getrieben, wenn eine Veranstaltung die 250-Teilnehmer-Schranke überwindet. Dann ist genug Social Proof vorhanden und es wird genügend Begeisterung erzeugt, um das Geschäft voranzutreiben. Ich glaube aber auch, dass dies langsam über mehrere Monate hinweg geschieht.

Wenn die Teilnehmerzahlen zu rasant anwachsen, gibt es nicht genügend Führungskräfte vor Ort, um das Wachstum zu unterstützen, und meist geht es dann wieder zurück.

Sie haben dies vielleicht schon einmal erlebt, wenn Sie einen Super-Verkäufertyp ins Geschäft gebracht haben.

Mit seinem riesigen Einflussbereich kann er in seinem ersten oder zweiten Monat einen Raum mit Hunderten von Menschen füllen. Doch solch eine überwältigende Resonanz liegt meistens an seinem Persönlichkeitskult und die Veranstaltungen leben nicht aus sich selbst heraus.

Wenn Sie allerdings einen Event mit anfangs nur 15 bis 18 Teilnehmern starten und dann über einen Zeitraum von fünf bis sechs Monaten die Zahl auf über 250 steigern, ergibt das normalerweise eine solide Linie.

Sobald die örtlichen Veranstaltungen laufen, sollten Sie diese nutzen, um die Großevents zu füllen. Diese stellen das nächste Element Ihres ersten Kreises dar, über das Sie die Kontrolle haben. Lassen Sie uns dies näher betrachten ...

Kapitel 8
Verkaufen statt ankündigen

Die lokalen Veranstaltungen, über die wir in Kapitel 7 gesprochen haben, veranlassen die Interessenten dazu, entweder Kunden oder Geschäftspartner zu werden. Haben sie sich für den Geschäftsaufbau entschieden, müssen wir sie dabei unterstützen, Fähigkeiten zu erlernen, in ihrer Überzeugungen bestärken und helfen mehr Selbstvertrauen zu entwickeln. Hier kommen die großen Events ins Spiel.

Die Großevents sind zwei- bis dreitägige Veranstaltungen, zu denen normalerweise Reisen, ein Hotel und Verpflegung gehören. Sie finden meist zwei- bis viermal im Jahr statt. (Ich habe diese früher jedes Vierteljahr durchgeführt, doch da das Reisen immer teurer und unbequemer wird, finden diese in meiner Organisation jetzt nur noch dreimal jährlich statt.)

In der Branche sind Bezeichnungen dafür üblich wie Familientreffen, Mastermind-Wochenende, Go-Diamond-Wochenende, Frühlings-/Sommer-/Herbst-/Winter-Leadershipmeeting oder auch Traumwochenende. Eine weitere wichtige Veranstaltung ist dann noch die Convention Ihres Unternehmens.

Sie werden sehen, dass auf diesen Großevents lebensverändernde Entscheidungen getroffen werden. Dort entschließen sich viele, das Geschäft zu ihrem Beruf zu machen und nach den Spitzenpositionen im Unternehmen zu streben. Dies wird erleichtert durch den hohen Energiepegel, die große Teilnehmeranzahl und den Social Proof während solcher Veranstaltungen.

Sie werden miterleben, wie im Anschluss an solche großen Veranstaltungen Auszeichnungen verliehen werden. In den Teilnehmern baut sich eine intensive Leidenschaft auf, sie wollen die neu erlernten Fähigkeiten sofort in die Praxis umsetzen und sie sind meist voll unerschütterlichem Vertrauen.

Häufig haben sie dort zum ersten Mal die Unternehmensführung und die Spitzenführungskräfte kennen gelernt. Sie haben ihnen die Hand gegeben, in die Augen geblickt und vielleicht ein gemeinsames Foto gemacht. Sie haben ihre Geschichten gehört, wie diese die Herausforderungen auf dem Weg zum Erfolg bewältigt haben. Für Ihre Teammitglieder ist es wichtig zu hören, wie andere genau die Schwierigkeiten überwunden haben, vor denen sie selbst gerade stehen. Dann gehen sie nach Hause und entwickeln gewaltige Aktivitäten.

Die fünf Zielsetzungen von Großevents...

Wir sprechen viel über die Bedeutung von Großveranstaltungen und warum jeder daran teilnehmen sollte. Doch bisweilen denken manche, sie wären schon so fortgeschritten, dass sie das nicht mehr nötig haben. Das ist ein schwerer Fehler ...

Diese Leute schauen auf die dafür nötige Geldausgabe und versuchen sich zu rechtfertigen, warum sie nicht teilzunehmen brauchen. Sie sagen, sie lassen nur mal einen Event ausfallen, weil sie gerade knapp bei Kasse sind, oder sie reden sich ein, dass sie ja schon bei vielen anderen waren und genau wissen, was da von der Bühne verkündet wird. Diese törichte Denkweise hält vermutlich mehr Menschen vom Erfolg ab als sonst irgendetwas.

Es gibt fünf Gründe, warum wir Großevents durchführen. Und jeder von uns - und ich meine wirklich jeder – hat diese fünf Dinge stets nötig.

Hier sind sie:

» Wissen erweitern.

» die Einstellung verbessern.

» das Verhalten verändern.

» Fähigkeiten entwickeln.

» Glauben und Vertrauen aufbauen.

Ich bin der Meinung, dass zu einem guten Großevent folgende Bestandteile gehören:

Persönliche Erfolgsberichte
Diese sind ein großartiges Mittel, um Vertrauen in den Teammitgliedern aufzubauen. Dieser Teil kann auch zu Beginn des Events stattfinden und gleichzeitig als Geschäftspräsentation dienen.

Produktschulungen
Training der Grundfähigkeiten: Menschen ansprechen, Bearbeiten der Interessentenliste, Einladen und Nachfassen.

Entwicklung von Führungsfähigkeiten
Aufgaben oder "Marschbefehle", die in der letzten Session der Veranstaltung erteilt werden, damit die Teilnehmer den Event mit einer klaren Strategie verlassen

Wenn Sie ein gutes Verhältnis zu Ihrer Unternehmensleitung haben und diese Ihre Events unterstützen möchte, ist es eine großartige Sache, den Hauptgeschäftsführer, den Präsidenten oder einen Vizepräsidenten als Redner einzuladen, damit dieser den Teilnehmern seine Vision für das Unternehmen vermittelt und erläutert, was alles zur Unterstützung der Vertriebspartner getan wird.

Wenn Ihre Veranstaltung Sessions wie diese als Grundpfeiler enthält, so wird sie auch zum Erfolg und in den nachfolgenden Monaten zu fantastischen Resultaten führen. Nachdem ein Event zu Ende ist, sollten Sie sofort damit beginnen, den nächsten Event zu promoten, denn das ist eigentlich die Essenz dessen, was Sie im Verlauf Ihrer Karriere tun werden – von Event zu Event arbeiten.

Ein anderes Thema, mit dem Sie sich auseinandersetzen müssen, sobald Ihre Organisation eine gewisse Größenordnung erreicht, sind Reisekomplikationen. Mein Unternehmen ist weltweit tätig und ich habe in meiner Organisation Teampartner in über 50 Ländern. Leute aus Russland werden kaum an vielen Veranstaltungen in den USA teilnehmen. Selbst wenn sie gern kommen würden, so erhalten sie doch oft kein Visum. Menschen aus Asien werden kaum nach Europa reisen und umgekehrt. Daher muss ich meine großen Events auf vier verschiedenen Kontinenten planen. Wenn Ihre Gruppe sich weltweit entwickelt, werden Sie ähnlich vorgehen müssen.

Verkaufen statt ankündigen

Wahrscheinlich werden Sie bei Ihren neuen Teampartnern zunächst auf Widerstand stoßen, wenn diese sich zu einem Großevent anmelden sollen. Die Kosten für die Reise und die Zeit weg von zu Hause machen ihnen Angst, doch das ist nur, weil sie den Wert dessen, was sie dort erleben werden, noch nicht einschätzen können. Stellen Sie sich darauf ein, Folgendes zu hören zu bekommen: „Ich bin in das Geschäft eingestiegen, um Geld zu verdienen, und nicht, um es auszugeben!"

Die meisten Menschen hangeln sich von einer Gehaltszahlung zur nächsten, und ihre automatische Reaktion besteht darin zu behaupten, dass sie kein Geld haben, wenn man ihnen eine Investition vorschlägt, und die Großevents bilden da keine Ausnahme. Sie dürfen einer solchen Argumentation kein Gehör schenken, sondern Sie müssen ihnen überzeugend klarmachen, warum sie dabei sein müssen. Vermitteln Sie ihnen, dass es sich um eine Investition und keine Ausgabe handelt – um eine Investition in ihre Zukunft und in ihren Erfolg. Sie können nicht einfach nur die Events ankündigen und dann von ihren Leuten erwarten, dass sie sich anmelden. Sie müssen die Events regelrecht verkaufen.

Und wie alles andere, was wir hier ansprechen, beginnt auch dies bei Ihnen selbst. Sie müssen stets der erste sein, der sich für einen Event anmeldet. Erst dann kümmern Sie sich um das Organisatorische.

Lässt sich der Event mit dem Auto erreichen? Wollen Sie in einem Autokonvoi dorthin fahren oder lieber Busse mieten? Wenn man fliegen muss, machen Sie sich daran, nach günstigen Flügen Ausschau zu halten. Sollten Sie sich darum kümmern, dass zur Kostenersparnis Doppelzimmer geteilt werden, oder ein günstiges Hotel ausfindig zu machen, oder dass Esspakete für unterwegs vorbereitet werden? Tun Sie alles, was notwendig ist, um die Kosten so niedrig wie möglich zu halten und für hohe Teilnehmerzahlen zu sorgen.

Machen Sie Ihren Vertriebspartnern klar, dass sie nicht versuchen sollten, in den ersten paar Jahren bereits von ihrem Geschäft leben zu wollen. Sie sollten stattdessen ihr Geld in das Geschäft zurück fließen lassen, damit es wachsen kann. Und nirgendwo erhalten sie einen höheren Gegenwert für ihre Investition als bei einem großen Event.

Arbeiten Sie mit den Werkzeugen von Dabeisein und Ausgeschlossenwerden, um eine Atmosphäre zu schaffen, in der man einfach keine Großveranstaltung verpassen darf. Eine Idee wäre, bei einem örtlichen Event diejenigen mit einem Pin, Band oder Button auszuzeichnen, die sich für den Großevent angemeldet haben. Sie können auch die Teilnehmerliste auf Ihrer Website einstellen oder Webcasts mit denjenigen durchführen, die bereits angemeldet sind.

Sie könnten auch Telefonkonferenzen oder spezielle Schulungen abhalten, die den Event zum Thema haben, um allen zu vermitteln, wie wichtig es ist dabei zu sein. Vielleicht kann auch eine der Führungskräfte, die auf der Veranstaltung sprechen werden, per Videobotschaft oder Livestream bei Ihrem örtlichen Event die große Veranstaltung bewerben. Jeder große Event hat auch eine großartige Werbekampagne verdient!

Strukturieren Sie Ihre Werbung für den Event um die Hauptwurzel-Strategie, genauso wie beim Aufbau in der Tiefe ...

Wenn Sie mit einem Vertriebspartner weit unten in Ihrer Downline arbeiten, sollten Sie ihm auch gleich Karten für den nächsten Großevent verkaufen. Teilen Sie dann seinem Sponsor mit, dass seine Downline sich angemeldet hat und fragen Sie ihn, ob er auch schon Tickets hat. Und dann fragen Sie dessen Sponsor ...

„Sie haben bereits fünf Teampartner, die für den nächsten großen Event angemeldet sind. Haben Sie schon Karten für sich selbst?"

Und dann das Gleiche noch mal von vorn:

„Acht deiner Vertriebspartner sind bei der nächsten großen Veranstaltung dabei. Wie sieht es mit dir aus?"

„Sie haben 11 Leute in Ihrer Downline, die zum nächsten Großevent gehen. Haben Sie sich schon angemeldet?"

„Du hast 23 Teampartner unter dir, die sich für den nächsten großen Event angemeldet haben. Hast du schon deine Tickets?"

Beginnen Sie ganz unten und arbeiten Sie sich dann bis zur Spitze der Gruppe hoch, um so viele Tickets wie möglich zu verkaufen. Auf jeder Ebene betonen Sie, dass aus der Gruppe bereits zahlreiche Anmeldungen vorliegen, damit Ihren Teampartnern klar wird, was sie verpassen, wenn sie nicht dabei sind. Denn Sie wollen eines erreichen:

die kritische Masse ...

Sie haben die kritische Masse für den Kipppunkt erreicht, wenn mindestens 100 Ihrer Vertriebspartnergruppen an einer Großveranstaltung teilnehmen. Wenn Sie dort angelangt sind, verfügt Ihr Geschäft über genug Eigendynamik, um auch ohne Sie weiter zu wachsen.

Selbst wenn Sie am Tag nach dem Event aus dem Geschäft aussteigen würden, so gäbe es genügend Menschen, deren Glaube stark genug ist, um dabei zu bleiben und auch ohne Sie weiterzumachen.

Es gibt einen bestimmten Punkt, an dem der Groschen fällt und die Leute „es" kapieren; und wenn Sie bei einem großen (keinem örtlichen) Event mindestens 100 Vertriebspartnerschaften haben, wird eine genügend große Anzahl davon „es" begreifen, damit die Duplizierung auf jeden Fall weitergeht.

Führungskräfte können ausscheiden, das Unternehmen kann schwierige Zeiten durchmachen, oder es kann negative Schlagzeilen geben, doch wenn ein Network durch entschlossene Vertriebspartner über genügend Eigendynamik verfügt, kann es fast jede Schwierigkeit überwinden und weiterwachsen.
Bis hierher haben wir über Ihre Einstellung gesprochen, über die Atmosphäre, die Sie schaffen sollten, darüber, wie man Volumen erzeugt und die Hauptwurzelstrategie umsetzt sowie über den Veranstaltungszyklus. Wenden wir uns nun dem abschließenden Element zu, das dafür sorgt, dass alle anderen auch richtig funktionieren ...

Kapitel 9

Umgehen Sie die Stolperfallen

Entwickeln Sie Führungseigenschaften durch Coaching

Nun gut, ich will es zugeben: Ich bin ziemlich alt.

Als ich mit dem Network Marketing begann, gab es keine Mobiltelefone, Blackberries, iPads oder E-Mails. Wir steckten damals noch neue Anmeldungen in einen Briefumschlag und klebten etwas darauf, das man eine „Briefmarke" nannte, in der Hoffnung, dass die Anmeldung noch vor Monatsende auch registriert wurde. Wir sind praktisch ausgeflippt, als das Faxgerät als neueste Erfindung Einzug hielt.

Damit konnte man jemanden noch am letzten Tag des Monats einschreiben und darauf vertrauen, dass sein Volumen noch mitgezählt wurde. Doch auch damit konnte man nie ganz richtig beurteilen, in welche Richtung sich das Geschäft entwickelte.

Wenn man eine wachsende Organisation hatte, die sich über zahlreiche Regionen große Distanzen und manchmal sogar Länder erstreckte, dann wusste man erst im Augenblick des Eintreffens des Bonusschecks, was man im letzten Monat erreicht hatte.

Die ganz besonders Cleveren ließen sich ihren Scheck per Federal Express liefern. Er kam dann zusammen mit einem schweren Karton voller grün-weißem Computerpapier, worauf die gesamte Organisation aufgelistet war.

Man verbrachte dann viele Stunden ausgerüstet mit einem Textmarker, um den Bericht zu studieren und zu entziffern, wo die erfolgshungrigen Führungskräfte waren, in welchen Märkten es boomte und mit wem man Kontakt aufnehmen sollte.

Und heute?

Heute können wir einen Webcast mit Tausenden von Teilnehmern abhalten, E-Mails an Interessenten mit Links zum sofortigen Einschreiben versenden und die Aktivitäten der neuen Teampartner und deren Bestellungen in Echtzeit mitverfolgen, während wir mit unserem Notebook am Palmenstrand sitzen. Auf Ihrer Unternehmenswebsite können Sie sich wahrscheinlich Ihre gesamte Organisation ansehen, kontrollieren, wer sich am automatischen Lieferprogramm beteiligt und herausfinden, wessen Bestellung aufgrund einer abgelehnten Kreditkarte nicht bearbeitet wurde.

Damit lässt sich das Geschäft sehr viel einfacher betreiben und wir können während des Monats sehr viel besser mitverfolgen, wie es sich gerade entwickelt. Doch darin liegt auch eine Gefahr.

Es fällt leicht, sich so sehr in die Technik zu verlieben, dass man meint, mit ihrer Hilfe auch seine Teampartner verwalten zu können. Doch eines habe in 25 Jahren gelernt: Man kann Menschen nicht verwalten; man führt Menschen und verwaltet die Dinge.

Im Network Marketing lassen sich die Menschen am besten durch monatliche Beratung führen. Ich glaube nun nicht, dass man dies mit einer psychologischen Beratung gleichsetzen sollte (wenn ich auch zugeben muss, dass letzteres sehr häufig geschieht!). Betrachten Sie es eher als ein strukturiertes Mentoring-System.
Mein Freund Billy Looper meint häufig, das Network Marketing würde perfekt funktionieren, wenn man da nur nicht immer mit Menschen zu tun hätte! Doch leider ist es nun einmal so, und jeder Mensch hat ganz unterschiedliche Bedürfnisse. Bisweilen ist es daher notwendig, einen Teampartner dahingehend zu coachen, wie er eine erfolgshinderliche Verhaltensweise ablegen kann.

Das könnte zum Beispiel die Eigenart sein, die Leute herum zu kommandieren, als wären es Angestellte, es kann eine negative Einstellung sein oder auch moralisch bzw. ethisch nicht ganz einwandfreies Verhalten. Die meisten von uns sind keine professionellen Therapeuten, und wir sollten uns das auch nicht anmaßen. Während des Mentorings haben wir aber die Gelegenheit, von unseren eigenen Anfangsfehlern zu berichten und was wir daraus gelernt haben.

Sie können Ihrer Gruppe bestimmte Bücher oder Audioprogramme zur Persönlichkeitsbildung empfehlen, und wenn Sie in Ihrer Downline eine vertrauensvolle Atmosphäre der Persönlichkeitsentwicklung geschaffen haben, werden die meisten Vertriebspartner auch für das Coaching offen sein, denn sie begreifen, dass sie von Ihnen für das Erreichen ihres Zieles wirkungsvoll unterstützt werden können.

Bisweilen müssen Sie sich auch mit Beziehungsproblemen

beschäftigen, doch normalerweise konzentriert sich das monatliche Mentoring auf geschäftsbezogene Themen, z.B. wo man am sinnvollsten in seiner Downline arbeitet und wie man für bessere Duplizierung sorgen kann.

Das Beraten und Coachen ist ein monatlicher Prozess, bei dem Sie mit den Schlüsselmitgliedern Ihres Teams in Einzelgesprächen alle wichtigen Kennzahlen des Geschäfts bewerten. Zu den wichtigsten gehören:

- » Anzahl der Vertriebspartner in der Gruppe
- » durchschnittliches Volumen
- » Teilnehmeranzahl an den Großevents
- » Rangverbesserungen
- » Linien mit einer Führungskraft
- » Gesamtanzahl der Führungskräfte in der Gruppe

Die zwei wichtigsten Kennzahlen, für die Sie sich interessieren sollten, sind die Anzahl der Linien mit einer Führungskraft sowie die Gesamtanzahl der Führungskräfte in der Organisation. Für mich bestimmen diese beiden entscheidenden Zahlen über das zukünftige Wachstum.

Wir wissen alle, dass eine Linie mit ursprünglich 35 Mitgliedern, jedoch ohne eine einzige Führungskraft, nach drei Monaten nur noch aus einer oder zwei Personen besteht, wenn sie überhaupt noch existiert.

Eine andere Linie mit vielleicht nur zwei Mitgliedern, die aber beide Führungskräfte sind, kann innerhalb weniger Monate auf 40 oder 50 Teampartner anwachsen.

Führungskräfte bringen weitere Führungskräfte hervor, deswegen ist dies das wichtigste Element, auf das Sie beim Mentoring Ihr Augenmerk richten sollten.

Das Mentoring funktioniert in beide Richtungen. Sie sollten Mitglieder aus Ihrem Team beraten, und gleichzeitig sollten Sie auch von jemandem aus Ihrer Upline gecoacht werden.

Nehmen wir einmal an, Sie haben in Ihrem Unternehmen den Rang eines Bronze-Vertriebspartners erreicht und der nächste Rang ist Silber. Dann sollten Sie sich vom nächsthöheren Silberberater in Ihrer Upline coachen lassen. Wenn Sie dann selbst Silberberater sind und Ihr Sponsor inzwischen keinen höheren Rang hat, sollten Sie sich an den nächsten Goldberater in Ihrer Upline wenden.

Um zu erfahren, wie Sie ein Goldberater werden können, müssen Sie sich an jemanden wenden, der dies bereits geschafft hat. Wollen Sie Diamondberater werden, müssen Sie sich von einem anderen Diamondberater coachen lassen. Sie sollten sich also stets an jemanden in Ihrer Upline wenden, der genau einen Rang über Ihnen steht. (Dies gilt meistens, gleich erfahren Sie mehr darüber.)

Auf diese Weise ist sichergestellt, dass sich für jeden jemand finden lässt, der ihn coachen und beraten kann, und gleichzeitig werden die Leute in den Spitzenpositionen nicht von Tausenden Beratungssuchenden überrannt. Ganz genauso wie es beim Sponsoring funktioniert, so arbeiten Sie auch hier mit Ihren Führungskräften auf der ersten Ebene, diese coachen die Führungskräfte auf deren ersten Ebene und diese wiederum die Leader auf ihrem ersten Level. Falls in Ihrer Upline zwei oder mehr Leute denselben Rang wie Sie haben, gehen Sie einfach weiter nach oben und Sie werden jemanden finden, der zur Zusammenarbeit mit Ihnen bereit ist.

Allerdings muss es nicht bedeuten, dass Ihr Sponsor eine schlechte Führungskraft ist, oder sich mit dem Geschäft nicht auskennt, wenn er oder sie denselben Rang wie Sie innehat. Vielleicht hat er oder sie Ihnen nur bei Ihrem starken Wachstum geholfen. Es kommt recht häufig vor, dass ein Sponsor seine Erstlevelleute auf seinen eigenen Rang bringt und dann kurz darauf einen Rang höher steigt. Solange Ihr Sponsor im Aufwärtstrend ist, können Sie sich weiterhin von ihm coachen lassen.

Konzentrieren Sie sich daher nicht zu sehr auf die Ränge. Halten Sie einfach Ausschau nach jemandem mit einer positiven Einstellung, bei dem es voran geht und der gern mit Ihnen arbeiten möchte. Wenn Sie diese Möglichkeit haben, sollten Sie sie ergreifen.

Ihre Aufgabe besteht darin, aus den Erfahrungen des anderen zu lernen. Er wird bereits alle Fehler gemacht haben, auf die Sie gerade zusteuern, was nichts weiter bedeutet, als dass Sie Ihre Lernzeit um viele Jahre verkürzen können. Bleiben Sie offen und lassen Sie sich coachen, denn Ihre Upline hat ein wohlbegründetes Interesse an Ihrem Erfolg.

Das Beraten und Coachen ist eine sehr wichtige Aktivität, denn hierdurch kommt es zu den wahren Entwicklungsschritten und Durchbruchserlebnissen. Das Wichtigste, das Sie durch das Coaching und Mentoring entwickeln können, ist Ihre Sozialkompetenz. Sie benötigen diese, um mit Menschen zu arbeiten und ein Team aufzubauen. Diese Art von Coaching sollte niemals in der Gruppe stattfinden, sondern nur mit dem Betreffenden im Einzelgespräch.

Das Mentoring und Coaching kann Ihnen allerdings nur etwas bringen, wenn Sie es richtig machen. Die Person, an die Sie sich für Ihr Coaching wenden, muss von Ihnen korrekt informiert werden. Malen Sie keine zwölf Linien auf, wenn Sie nur zwei aktive Schlüssellinien haben. Sonst kann dabei nichts herauskommen, und die erhaltenen Ratschläge werden Ihnen nicht wirklich helfen.

Ihr weiteres Wachstum

Sie werden bemerken, dass sich mit zunehmendem Wachstum Ihrer Organisation Ihre Coachingbedürfnisse verändern werden. Zu Beginn benötigen Sie wahrscheinlich sehr viel Beratung zu den Themen Ansprechen und Einladen, doch mit der Zeit wird dies für Sie kein Problem mehr sein. Sie werden dann im Coaching andere Themen ansprechen, z.B. den richtigen Zeitpunkt zu finden, um Ihren Job aufzugeben, ein neues Auto zu kaufen oder auch um Veranstaltungen für Ihre eigene Organisation durchzuführen. Das Coaching, das Ihre Teammitglieder von Ihnen erhalten, sollte sich ebenfalls parallel zu deren Erfolgskurve weiterentwickeln.

Beratung, Mentoring und Coaching sorgen dafür, dass alles, was wir in den vorhergehenden Kapiteln angesprochen haben, auch tatsächlich funktioniert. Damit können Sie mit den wichtigen Kennzahlen des Geschäfts Schritt halten und korrigierend eingreifen, bevor sich Fehler zu sehr in der Gruppe ausbreiten. Dies sorgt dafür, dass alle Teammitglieder den Stolperfallen ausweichen und dass Ausrutscher begrenzt bleiben.

Sie sollten mit dem Coaching möglichst gleich nach Monatsanfang starten, denn die hierfür benötigten Informationen brauchen eine gewisse Zeit, um über die vielen Ebenen nach oben zu gelangen. Angenommen, Ihre Organisation steckt noch in den Kinderschuhen und Sie coachen lediglich vier Personen. Dazu müssen Sie deren Formulare einsammeln, die Zahlen zusammenstellen und in Ihr eigenes Formular übertragen. (Hierzu zählen Informationen darüber, wie viele Mitglieder aus jeder Linie beim letzten Event waren, wie viele Karten für den nächsten verkauft wurden usw.) Sobald also die Zahlen des Vormonats auf Ihrer Website verfügbar sind, muss jeder sein Formular ausfüllen und es an die Person senden, von der er gecoacht wird.

Jemanden zu finden, den Sie coachen können, stellt sicher, dass Ihr erster Kreis in Schwung bleibt, und wenn Sie diesen Prozess in Ihrer Gruppe weiter nach unten tragen, werden alle Kreise besser funktionieren.

Kapitel 10

Stammesführer sein

Seien Sie ein Vorbild

Vor einigen Jahren schrieb Seth Godin ein Buch mit dem Titel *Tribes*. Es hat nichts mit dem Network Marketing zu tun. Doch wenn man Seth Godin 10 Millionen Dollar geboten hätte, um das perfekte Buch für die Führungskräfte im Network Marketing zu schreiben, so wäre eben dieses Buch dabei herausgekommen. Warum? Weil die Essenz davon, das Gesetz des ersten Kreises in Schwung zu versetzen, darin besteht, einen Stamm anzuführen. Und in unserem Geschäft dreht sich das Führen stets darum, ein bestimmtes Verhalten vorzuleben, und das heißt, ein Vorbild zu sein.

Ihre allererste Pflicht in diesem Geschäft besteht darin, selbst erfolgreich zu werden, und die zweite Pflicht lautet, die Hauptwurzel zu versorgen und Ihren Leuten zum Erfolg zu verhelfen. Doch die meisten bringen da irgendetwas durcheinander.

In Wahrheit können Sie niemandem zeigen, wie man einen bestimmten Rang erreicht, solange Sie diesen nicht selbst inne haben. Es funktioniert nicht zu glauben, dass Sie schon irgendwie erfolgreich werden, wenn Sie nur vielen anderen Leuten zum Erfolg verhelfen. Das klingt gut und sieht auch gut aus, aber so funktioniert es einfach nicht.

Die Realität ist, dass Sie zuerst selbst Erfolg haben müssen. Mit jedem Schritt machen Sie das korrekte Verhalten vor und zeigen Ihrem Team, wie man das nächste Erfolgslevel erreicht. Bringen Sie Ihren Kreis so richtig in Schwung, und Ihr Stamm wird Ihrem Beispiel freudig nacheifern und in Ihrer Gruppe für wahre Duplizierung sorgen.

Arbeiten Sie an Ihrem ersten Kreis, und Sie werden zusehen können, wie schnell die Menschen genau so wie Sie sein wollen. Ihr Ziel sollte sein, dass Ihre Teampartner so schnell wie möglich ein Einkommen von 500 bis 600 Euro erzielen. Und denken Sie daran, ihnen zu empfehlen, von diesem Geld nicht zu leben, sondern alles in ihr Geschäft zu reinvestieren.

Wenn sie dieses Niveau erreicht haben, können sie damit die Ausgaben für ihre Persönlichkeitsentwicklung, ihren eigenen Produktverbrauch und ihre Teilnahme an Veranstaltungen bestreiten. Und wenn sie dies tun, dann erkennen sie auch einen schrittweisen Fortschritt. Solange sie Fortschritte sehen, werden sie auch weiter dabei bleiben, bis sie einen Punkt erreicht haben, an dem sie nicht mehr umkehren können. Wenn sie an diesem Punkt sind, dann ist deren Erfolg und auch Ihr eigener Erfolg nur noch eine Frage der Zeit. Sie und Ihr Team sind dann auf dem Weg, auf dem sich alle Träume erfüllen. Bevor ich dieses Buch beende, möchte ich Sie gerne einen Beitrag lesen lassen, den ich im Blog von mlm-training.com geschrieben habe. (Ich hoffe, Sie haben diese Website bereits entdeckt und Sie verfolgen die Beiträge dort. Dies ist der virtuelle Treffpunkt für die Top-Führungskräfte im Network Marketing)
In meinem Beitrag geht es um die Bedeutung unserer Arbeit und den Grund, warum Sie niemals aufgeben dürfen. Ich

möchte Ihnen diesen Betrag gerne als mein abschließendes Geschenk an Sie überreichen.

Wagen Sie es ja nicht aufzugeben!

In unserem Geschäft kann man sehr viel Geld verdienen, Reisen zu exotischen Zielen gewinnen und großartige Bonusautos fahren. Wir haben die Chance, wirklich zu unserer Freiheit zu gelangen.

Doch die Freiheit hat einen Haken: Es gibt dafür keine Freikarten ...

Freiheit ist ein Nebenprodukt des Erfolgs, und Sie müssen willens sein, den Preis für den Erfolg zu zahlen, und Erfolg ist niemals billig zu haben. Sie müssen den regulären Preis für ihn entrichten, und das fällt manchmal verdammt schwer.
Ich weiß, wovon ich spreche. Fünf lange Jahre habe ich mich in diesem Geschäft abgekämpft, habe auf manches verzichtet, nur um meine monatliche Produktbestellung aufgeben zu können und habe alle um mich herum vergrault. Ich habe sie angefleht, in mein Geschäft einzusteigen, und ständig neue Streitgespräche geführt.

Ich konnte alle rationalen und logischen Gründe aufzählen, warum einfach jeder in dieses Geschäft einsteigen sollte, und jedem, der sich mit mir anlegen wollte, konnte ich all die Gründe darlegen, warum er ein Idiot war.

Aus irgendeinem Grund hat diese Vorgehensweise nicht besonders gut funktioniert, daher bin ich zur Strategie Nummer zwei übergegangen ...

zum Betteln.

Doch dieser Ansatz lief auch nicht viel besser. Fünf Jahre lang ging ich von einer Präsentation zur nächsten, kaufte eine Kassette nach der anderen und besuchte ein Meeting nach dem anderen. Ich redete darüber, wie toll es ist, zu all den Traumstränden auf der ganzen Welt zu reisen, und parkte meinen kaputten Schrotthaufen außer Sichtweite, damit keiner bemerkte, womit ich durch die Gegend fuhr.

Ich erinnere mich noch an das erste Heim-Meeting, das ich durchführte. Ich hatte 14 oder 15 Leute eingeladen und war voller Elan und Begeisterung. Sie wissen natürlich, was passierte ...

Niemand tauchte auf, nicht einmal eine einzige Person.

Der gesunde Menschenverstand würde hier sagen, ich hätte aufgeben müssen. Doch Träume verwirklichen sich nie mit dem gesunden Menschenverstand, sie werden wahr, weil sie kühn sind, mutig und phantasievoll, weil sie kraftvoll genug sind, dass wir von ihnen angezogen werden.

Ich hätte aufgeben können, ich hätte sogar aufgeben sollen und hätte auch fast aufgehört, doch mir wurde etwas klar, das alles für mich verändert hat: Ich begriff, dass ich der ehrgeizigste Mensch war, den ich kannte.
Diese Art zu denken setzte etwas in mir frei – und das führte

mich schließlich zur wahren Freiheit.

Ich wünschte, behaupten zu können, dass ich nach fünf Jahren einen magischen Schalter umgelegt habe und sofort reich geworden bin, aber das stimmt nicht. Doch die Dinge begannen sich zu verändern ...

Ich begriff allmählich, wie wichtig ein System ist und wie die Duplizierung funktioniert. Ich begann mit täglichem Persönlichkeitstraining und wurde von einem Menschen, mit dem niemand zusammenarbeiten wollte, langsam zu einem, den jeder im Team gern um sich haben wollte, und ich erlernte und entwickelte viele neue Fähigkeiten.

Heute fahre ich meine Traumautos, lebe in meinen Traumhäusern, bin in der Lage, beachtliche Summen zu spenden, verdiene Millionen von Dollar und erfreue mich meiner Freiheit.
Das Geld, die Spielzeuge und die Reisen schätze ich wirklich sehr, doch beim Network Marketing geht es noch um weitaus mehr.

Und darüber möchte ich hier schreiben ...

Ich war auch einmal dort, wo sich die meisten von Ihnen jetzt befinden, und habe es bis zu jenem Level geschafft, von dem die meisten nicht einmal zu träumen wagen. Lassen Sie mich daher mit Ihnen teilen, was ich unterwegs gelernt habe, und wichtiger noch, was ich mir für Sie wünsche.

Hier sind die vier Dinge, die ich mir für Sie wünsche:

1. Ein Leben voller Abenteuer

Hören Sie auf damit, Schauspielern dabei zuzusehen, wie diese in Filmen und Fernsehshows Abenteuer erleben. Es ist an der Zeit, dass Sie Ihr eigenes Abenteuer gestalten.

Ich bin mit der Concorde geflogen, habe in der Crystal Cathedral gebetet, mich in Paris verliebt, im Airbus A380 eine Dusche genommen, eine Fahrt im Heißluftballon unternommen, in Hawaii dem Spiel der Wale zugesehen, in einem Shaolin-Tempel meditiert, ein Flugzeug gesteuert, bin auf einem Elefanten durch den thailändischen Regenwald geritten, habe alle großen Opernhäuser der Welt besucht, war bei einem Baseball-Spiel im Wrigley Field-Stadion in Chicago und habe in den Moscheen in Istanbul die Gebetsrufe gehört. Und das ist erst der Anfang ...

Hat Ihr Abenteuer bereits begonnen? Der Sinn des Lebens liegt nicht darin, sich täglich durch den Berufsverkehr zu kämpfen, in einem kleinen Verlies zu arbeiten und seine Kinder in der Tagesstätte abzugeben. Das Leben ist dazu da, gelebt zu werden, und zwar von Ihnen.

2. Holen Sie sich Ihre Freiheit

Das hat direkt mit Nr. 1 zu tun. Es entspricht nicht Ihrer Bestimmung, sich von einem Wecker aus dem Schlaf reißen zu lassen. Sie sollten aufwachen, wenn Sie mit dem Schlafen fertig sind, und dann sollten ganz allein Sie entscheiden, wie und mit wem Sie Ihren Tag verbringen wollen. Sie sollten sich im Restaurant an den Speisen orientieren und nicht an deren Preisniveau.

Frei zu sein bedeutet, auswählen zu können – ob es nun um unser Auto, unser Haus oder unsere Urlaubsziele geht.

Es dreht sich darum zu entscheiden, wofür Sie spenden wollen, welche Schule Ihre Kinder besuchen und welche Menschen in Ihrem Leben Platz haben sollen. Und darum, ein engagiertes, farbenfrohes und leidenschaftliches Leben zu führen.

3. Stoppen Sie das Unrecht

Wie oft haben Sie schon eine ungerechte Situation gesehen und sich machtlos gefüllt, diese zu beenden? Wie häufig wollten Sie schon eine Ungerechtigkeit wieder in Ordnung bringen, doch es fehlte Ihnen dafür das Geld, die Zeit oder die Freiheit? Ich konnte schon manches Unrecht wieder gerade rücken, doch das war mir nicht möglich, als ich noch in der Falle saß und pleite war. Heute kann ich es, denn ich bin frei.

Wollen Sie ein Projekt auf den Philippinen unterstützen, hungernden Kindern in Afrika oder den Erdbebenopfern in Haiti helfen? Tun Sie, was immer heute schon in Ihrer Macht steht, doch um einen wirklich bedeutsamen Beitrag leisten zu können, brauchen Sie wahrscheinlich wesentlich mehr Zeit, Geld und Freiheit. Und das bedeutet ...

4. Gehen Sie über den Erfolg hinaus

Ich habe früher für einen Minimallohn Geschirr abgewaschen und bin heute Multi-Millionär. Ich bin wahrhaft gesegnet. Und ja natürlich, ich genieße die Autos, die Häuser und die Geldsummen, die mir dieses Geschäft beschert hat.

Ich habe herausgefunden, dass man damit eine Weile lang zufrieden sein kann, doch dann will man mehr ...

Man will einen Unterschied bewirken, etwas hinterlassen, etwas aufbauen, das unser Leben überdauert.

Dann fängt das Leben erst richtig an. Dann wissen Sie, dass die Welt ein besserer Ort ist, weil Sie darauf leben – und sie wird ein besserer Ort bleiben, auch wenn Sie längst nicht mehr da sind.

Das können Sie beispielsweise erreichen, indem Sie die schönen Künste unterstützen, ein Waisenheim aufbauen oder den Regenwald retten. Vielleicht wollen Sie eine Sport-Jugendmannschaft unterstützen, einem jungen Menschen als Mentor zur Seite stehen oder ein Frauenhaus einrichten. Oder alles zusammen.

Ich kenne Ihren Herzenswunsch nicht, doch ich weiß, dass es da einen gibt. Und dazu möchte ich Sie herausfordern. Ja, ich wünsche Ihnen Freiheit, einen komfortablen Lebensstil mit allen Annehmlichkeiten, und ich wünsche Ihnen ebenfalls Liebe sowie ein sinn- und gehaltvolles Leben.

Das wird nicht leicht sein, das ist mir schon klar, denn es verlangt Opfer.

Es bedeutet, dass Sie um 19 Uhr, wenn Ihr Ehepartner zu Hause ist und Ihre Kinder mit Ihnen spielen wollen, zu einem Meeting aufbrechen. Es bedeutet, dass Sie an manchen Wochenenden nicht zum Sport gehen können, wenn Sie weit entfernte Vertriebspartner betreuen. Und es bedeutet, weiterhin Interessenten anzurufen, lange nachdem die Begeisterung und Motivation eines großen Events verflogen ist.

Ich hatte da ein Mantra, das mich frei gemacht hat, und es kann für Sie dasselbe tun. Hier ist es:

„Ich werde heute das tun, wovor andere sich scheuen, um morgen das tun zu können, was den anderen nicht möglich ist."

Werden Sie das für mich tun? Werden Sie es für sich selbst tun? Werden Sie das für all die Menschen tun, denen Sie dadurch helfen können?

Der Schmerz der Disziplin ist wesentlich leichter zu ertragen als der Schmerz des Bedauerns. Im Angesicht der Angst müssen Sie Ihren Glauben bezeugen, denn der Glaube ist taub, empfindungslos und blind.

Der Glaube ist taub gegenüber der Zurückweisung, empfindungslos gegenüber dem Versagen und blind gegenüber der Möglichkeit des Scheiterns. Der Glaube ist die Substanz der Dinge, auf die wir hoffen und der Beweis für das Unsichtbare. In ihm steckt das Vertrauen, dass das Erhoffte auch tatsächlich eintreten wird; er gibt uns Sicherheit über die Ergebnisse, die wir noch nicht sehen können.

Auch wenn diese Dinge noch nicht sichtbar sind, so haben wir doch eine Vision davon. Deswegen beschäftigen wir uns jeden Morgen mit Persönlichkeitsentwicklung, sagen wir uns unsere Affirmationen vor und bringen unsere Bilder am Kühlschrank an.

Es fällt nicht leicht, dies alles zu tun, und das sollte es auch nicht sein. Aber es ist einfach, und es ist wichtig. Nicht nur für Ihre Freiheit und Ihre Träume, sondern auch für die Freiheit und die Träume von jedem, für den Sie einen Unterschied bewirken werden. Die meisten Menschen zweifeln heutzutage an ihrem Glauben und glauben an ihre Zweifel. Sie müssen anders sein.

Ich bitte Sie, wagen Sie es nicht, Ihre Traumtafel abzuhängen oder die Bilder vom Kühlschrank zu entfernen. Lassen Sie es nicht zu, dass Ihr Ehepartner und Ihre Kinder Zeugen Ihres Scheiterns werden. Wagen Sie es nicht, Ihre Träume aufzugeben!

Das möchte ich Ihnen ans Herz legen ...

Wenn Sie Hilfe benötigen, holen Sie sich ein paar meiner Bücher. Um die für den Erfolg notwendigen Eigenschaften zu trainieren, besorgen Sie sich mein Buch *Wie baue ich eine Multilevel Geldmaschine?*

Wenn Sie gerade knapp bei Kasse sind, dann leihen Sie sich die Bücher eben. Doch holen Sie sie sich auf alle Fälle, denn der Traum ist sehr real. Ich bin der lebende Beweis dafür, und der Traum kann auch für Sie wahr werden. Sie sind es wert, ganz bestimmt. Als Sie den ersten Blick auf dieses wilde und verrückte Geschäft geworfen haben, haben Sie etwas gesehen, etwas gefühlt und etwas erkannt. Etwas hat Sie angesprochen und Ihre Träume zu neuem Leben erweckt, an die Sie schon seit langem nicht mehr gedacht hatten, und es hat Ihnen neue Träume beschert.

Leben Sie diese Träume. Das ist mein Traum für Sie. *-RG*

Über den Autor

Es gibt auf der ganzen Welt wahrscheinlich niemanden, der besser geeignet wäre, Ihnen zu mehr Erfolg im MLM zu verhelfen, als Randy Gage. Sein Audioprogramm *Duplication Nation* (vorheriger Titel: *How to Earn at Least $100,000 a Year in Network Marketing*) ist eines der meist verkauften Network Markting Trainingprogramme und sein *Escape the Rat Race* ist eines der meist genutzten Rekrutierungstools in der gesamten Branche. Seine Werke wurden in mehr als 20 Sprachen übersetzt und millionenfach auf der ganzen Welt verkauft. Randy Gage hat dazu beigetragen, Network Marketing nach Slowenien, Kroatien, Bulgarien und Mazedonien zu bringen. Er war der Vizepräsident für Marketing eines MLM-Unternehmens und hat zahlreiche weitere Unternehmen beraten; er hat Vergütungspläne erstellt, Marketingmaterialien kreiert und leicht duplizierbare Systeme entwickelt. Randy Gage hat für die besten Unternehmen der Branche Trainings durchgeführt und in über 40 Ländern als Redner auf der Bühne gestanden.

Mit seinen Coaching-Programmen und Einzelberatungen hat Randy Gage die Spitzenverdiener aus zahlreichen Unternehmen unterstützt, und er hat wahrscheinlich mehr MLM-Millionäre trainiert als sonst irgendjemand auf der Welt. Doch das Wichtigste ist, dass Randy Gage seine Erfahrungen in der realen Welt weiter gibt, in der er als Vertriebspartner Millionen von Dollar verdient hat. Er hat Tausende Trainings veranstaltet und unzählige Geschäftspräsentationen durchgeführt. Vor einigen Jahren startete er noch einmal neu durch und wurde aus dem Stand der weltweit bestverdienende Vertriebspartner seines Unternehmens. Er weiß, was in der heutigen Wirtschaftslage funktioniert und kann Ihnen ganz genau beibringen, wie sich unter diesen Bedingungen ein Mega-Erfolg erreichen lässt. Finanziell hat Randy Gage längst ausgesorgt. Heute ist er nur noch aktiv, um Herausforderungen anzunehmen und sein persönliche erste Ebene zu unterstützen. Er hat die perfekte Balance zwischen Arbeit und Privatleben verwirklicht. Wenn er nicht gerade irgendwo Kreise aufmalt, dann spielt er im Softballteam der South Florida Carnivores, fährt mit dem Rad oder im Rennwagen, oder er widmet sich seiner Sammlung von Comic-Büchern. Zu seinen entschuldbaren Sünden gehören Science-Fiction-Filme, Krispy Kreme-Doughnuts und der TV-Tanzwettbewerb So You Think You Can Dance. Randy Gage verbringt die meiste seiner Zeit in Miami Beach, Sydney und Paris.

Notizen

Notizen

DIE 7 FÜHRUNGSREGELN IM NETWORK MARKETING

Finden Sie heraus, warum
dieses Buch als die
„Bibel des Network Marketings"
bezeichnet wird.

Dieser umfassende und allgemein gehaltene Leitfaden
verrät Ihnen, wie Sie ein riesiges Netzwerk aufbauen.

www.mlm-training.com/randy